CÁLCULO DIFERENCIAL E INTEGRAL III: INTRODUÇÃO AO ESTUDO DE EQUAÇÕES DIFERENCIAIS

DIALÓGICA

O selo DIALÓGICA da Editora InterSaberes faz referência às publicações que privilegiam uma linguagem na qual o autor dialoga com o leitor por meio de recursos textuais e visuais, o que torna o conteúdo muito mais dinâmico. São livros que criam um ambiente de interação com o leitor – seu universo cultural, social e de elaboração de conhecimentos –, possibilitando um real processo de interlocução para que a comunicação se efetive.

CÁLCULO DIFERENCIAL E INTEGRAL III: INTRODUÇÃO AO ESTUDO DE EQUAÇÕES DIFERENCIAIS

Guilherme Lemermeier Rodrigues

Editora
intersaberes

EDITORA intersaberes

Rua Clara Vendramin, 58 – Mossunguê
CEP 81200-170 – Curitiba – PR – Brasil
Fone: (41) 2106-4170
www.intersaberes.com
editora@editoraintersaberes.com.br

Conselho editorial
Dr. Ivo José Both (presidente)
Drª Elena Godoy
Dr. Nelson Luís Dias
Dr. Neri dos Santos
Dr. Ulf Gregor Baranow

Editora-chefe
Lindsay Azambuja

Supervisora editorial
Ariadne Nunes Wenger

Analista editorial
Ariel Martins

Preparação de originais
Gustavo Ayres Scheffer

Edição de texto
Fabia Mariela De Biasi
Keila Nunes Moreira

Capa
Luana Machado Amaro (*design*)
livingpitty/Shutterstock (imagem)

Projeto gráfico
Sílvio Gabriel Spannenberg

Adaptação do projeto gráfico
Kátia Priscila Irokawa

Diagramação
Carolina Perazzoli

Equipe de *design*
Luana Machado Amaro
Laís Galvão
Sílvio Gabriel Spannenberg

Iconografia
Celia Kikue Suzuki
Regina Claudia Cruz Prestes

Dados Internacionais de Catalogação na Publicação (CIP)
(Câmara Brasileira do Livro, SP, Brasil)

Rodrigues, Guilherme Lemermeier
 Cálculo diferencial e integral III: introdução ao estudo de equações diferenciais/Guilherme Rodrigues. Curitiba: InterSaberes, 2018.

 Bibliografia.
 ISBN 978-85-5972-662-6

 1. Cálculo 2. Cálculo diferencial – Estudo e ensino 3. Cálculo integral – Estudo e ensino 4. Equações diferenciais I. Título.

	CDD-515.3307
18-12859	CDD-515.4307

Índices para catálogo sistemático:
1. Cálculo diferencial: Matemática: Estudo e ensino   515.3307
2. Cálculo integral: Matemática: Estudo e ensino   515.4307

1ª edição, 2018.
Foi feito o depósito legal.

Informamos que é de inteira responsabilidade do autor a emissão de conceitos.

Nenhuma parte desta publicação poderá ser reproduzida por qualquer meio ou forma sem a prévia autorização da Editora InterSaberes.

A violação dos direitos autorais é crime estabelecido na Lei n. 9.610/1998 e punido pelo art. 184 do Código Penal.

Sumário

11 *Apresentação*

12 *Como aproveitar ao máximo este livro*

17 **Capítulo 1 – Introdução às equações diferenciais**
17 1.1 Noções básicas e terminologia
18 1.2 Equações diferenciais de primeira ordem
18 1.3 Equações de variáveis separáveis
20 1.4 Na prática

27 **Capítulo 2 – Introdução à separação de variáveis**
27 2.1 Equações homogêneas
29 2.2 Equações lineares
30 2.3 Fator de integração
30 2.4 Resolvendo uma equação diferencial linear
32 2.5 Problemas com valores iniciais
32 2.6 Na prática

41 **Capítulo 3 – Equações diferenciais lineares de ordem superior e método dos coeficientes indeterminados**
41 3.1 Equações lineares homogêneas de segunda ordem com coeficientes constantes
41 3.2 Equação linear homogênea e equação linear não homogênea
44 3.3 Método dos coeficientes indeterminados (equações lineares não homogêneas)
48 3.4 Problemas de valor inicial (condição de contorno)
49 3.5 Na prática

59 **Capítulo 4 – Aplicação de equações diferenciais de segunda ordem**
59 4.1 Modelos de problemas de misturas (concentração de elementos químicos)
61 4.2 Modelos populacionais
62 4.3 Trajetórias ortogonais: curvas que se interceptam

66 *Para concluir…*

67 *Referências*

68 *Respostas*

71 *Sobre o autor*

*Para minha amada Mariel,
companheira, amiga e confidente.*

*Aos meus familiares, professores e amigos,
os quais, por vezes, faço questão de confundir
e chamá-los, todos, de família.*

"Sua tarefa é descobrir o seu trabalho e, então, com todo o coração, dedicar-se a ele."
Buda

Apresentação

Este livro nasceu de um convite da editora, mas também atendeu a um grande anseio meu. Depois de 22 anos como professor de matemática, foi um grande prazer aceitar mais esse desafio.

A principal motivação foi a possibilidade de escrever algo de forma direta, isto é, demonstrando os conteúdos de tal modo que, ao mesmo tempo em que apresentamos a você as equações diferenciais, isso o instigue a buscar mais e mais sobre o assunto.

Com base nessa premissa, no Capítulo 1, abordamos conceitos básicos e nomenclaturas. E, no intuito de ir direto ao assunto, nesse momento inicial também analisamos algumas equações diferenciais de primeira ordem.

No Capítulo 2, examinamos, de forma simples e objetiva, as equações homogêneas e lineares. As equações diferenciais lineares de ordem superior e o método dos coeficientes indeterminados são objeto do Capítulo 3. Finalmente, no Capítulo 4, demonstramos algumas aplicações práticas dos conteúdos tratados nesta obra.

Em suma, nosso principal objetivo é disponibilizar a você os conceitos fundamentais da disciplina e, adotando uma exposição em linguagem acessível, despertar seu interesse para se envolver com pesquisas que aprofundem esses conhecimentos.

Enfim, seja bem-vindo, aproveite a leitura e faça ótimos estudos e pesquisas.

COMO APROVEITAR AO MÁXIMO ESTE LIVRO

Este livro traz alguns recursos que visam enriquecer o seu aprendizado, facilitar a compreensão dos conteúdos e tornar a leitura mais dinâmica. São ferramentas projetadas de acordo com a natureza dos temas que vamos examinar. Veja a seguir como esses recursos se encontram distribuídos no decorrer desta obra.

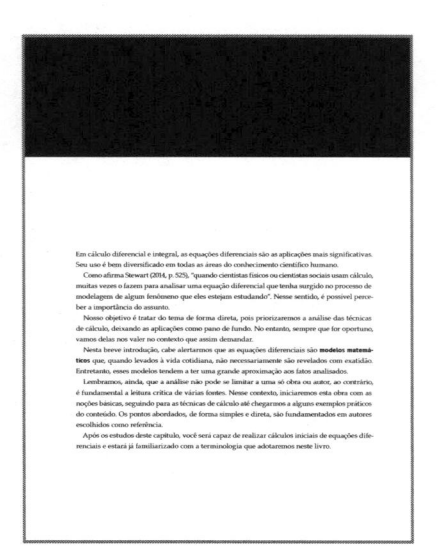

Introdução do capítulo

Logo na abertura do capítulo, você é informado a respeito dos conteúdos que nele serão abordados, bem como dos objetivos que o autor pretende alcançar.

Exercícios resolvidos

Nesta seção a proposta é acompanhar passo a passo a resolução de alguns problemas mais complexos que envolvem o assunto do capítulo.

Síntese
Você dispõe, ao final do capítulo, de uma síntese que traz os principais conceitos nele abordados.

Questões para revisão
Com estas atividades, você tem a possibilidade de rever os principais conceitos analisados. Ao final do livro, o autor disponibiliza as respostas às questões, a fim de que você possa verificar como está sua aprendizagem.

Para saber mais
Você pode consultar as obras indicadas nesta seção para aprofundar sua aprendizagem.

Em cálculo diferencial e integral, as equações diferenciais são as aplicações mais significativas. Seu uso é bem diversificado em todas as áreas do conhecimento científico humano.

Como afirma Stewart (2014, p. 525), "quando cientistas físicos ou cientistas sociais usam cálculo, muitas vezes o fazem para analisar uma equação diferencial que tenha surgido no processo de modelagem de algum fenômeno que eles estejam estudando". Nesse sentido, é possível perceber a importância do assunto.

Nosso objetivo é tratar do tema de forma direta, pois priorizaremos a análise das técnicas de cálculo, deixando as aplicações como pano de fundo. No entanto, sempre que for oportuno, vamos delas nos valer no contexto que assim demandar.

Nesta breve introdução, cabe alertarmos que as equações diferenciais são **modelos matemáticos** que, quando levados à vida cotidiana, não necessariamente são revelados com exatidão. Entretanto, esses modelos tendem a ter uma grande aproximação aos fatos analisados.

Lembramos, ainda, que a análise não pode se limitar a uma só obra ou autor, ao contrário, é fundamental a leitura crítica de várias fontes. Nesse contexto, iniciaremos esta obra com as noções básicas, seguindo para as técnicas de cálculo até chegarmos a alguns exemplos práticos do conteúdo. Os pontos abordados, de forma simples e direta, são fundamentados em autores escolhidos como referência.

Após os estudos deste capítulo, você será capaz de realizar cálculos iniciais de equações diferenciais e estará já familiarizado com a terminologia que adotaremos neste livro.

1

Introdução às equações diferenciais

1.1 Noções básicas e terminologia

Por que é importante dar início a essa caminhada com as noções básicas e a terminologia das equações diferenciais?

Para responder a isso, faça um breve exercício de recordação. Quando você iniciou seus estudos de matemática, já havia algum conhecimento prévio – quando a criança começa a falar e, depois, na alfabetização, de algum modo a matemática está presente. Também não é possível falar de matemática de forma dissociada da língua materna, como alertam Machado (1998) e D'Ambrósio (1998).

Nesse sentido, conhecer previamente termos e signos é essencial para o desenvolvimento eficaz de nossa análise.

Para simplificar e incentivar o início dessa jornada, esclarecemos que resolver uma equação diferencial é trabalhar com cálculos que envolvem derivadas. De acordo com Zill e Cullen (2014, p. 1), "as palavras diferencial e equações obviamente sugerem a resolução de algum tipo de equações envolvendo derivadas". Stewart (2014, p. 528), também contribui com essa ideia ao afirmar que uma equação diferencial "é aquela que contém uma função desconhecida e uma ou mais de suas derivadas".

> Em suma, uma equação diferencial é "uma equação que contém as derivadas ou diferenciais de uma ou mais variáveis dependentes, em relação a uma ou mais variáveis independentes" (Zill; Cullen, 2014, p. 2).

Vejamos: se $y' = x^2$, a solução geral da equação diferencial é $y = \dfrac{x^3}{3} + C$, em que C é uma constante qualquer.

Ressaltamos que esse exemplo é bem simples e foi aqui adotado somente como introdução aos próximos conceitos.

As equações diferenciais podem ser classificadas quanto ao tipo: **ordinárias** (apresentam uma única variável) e **não ordinárias** (apresentam mais de uma variável).

Há também a classificação pela ordem: diferenciais de **1ª ordem** ($\dfrac{dy}{dx}$), de **2ª ordem** ($\dfrac{d^2y}{dx^2}$) etc. – nomenclatura esta que assim segue, bastando trocar o índice para a referência da derivada que se queira demonstrar.

1.2 Equações diferenciais de primeira ordem

Equação diferencial de primeira ordem é uma equação do tipo $\frac{dy}{dx} = F(x, y)$, ou, como encontramos usualmente, $y' = F(x, y)$ em outra notação. Neste capítulo, examinaremos exclusivamente as equações diferenciáveis de primeira ordem.

Essas notações estão alguns passos além em relação àquelas estudadas em Cálculo I, com o acréscimo de mais variáveis. Elas são as notações usuais no Cálculo II – o que até mesmo pode ser verificado entre os autores que foram usados como referência.

1.3 Equações de variáveis separáveis

As equações de variáveis separáveis são as equações diferenciais de primeira ordem em que é possível separar os membros de $\frac{dy}{dx}$.

Dessa forma, é possível calcular as equações diferenciais de maneira simples e direta. Para isso, basta isolar as variáveis por afinidade, de acordo com o diferencial.

Acompanhe os detalhes nos exemplos didáticos a seguir.

Exemplo 1.1

Resolva a equação diferencial $\frac{dy}{dx} = \frac{x}{y}$.

$$\frac{dy}{dx} = \frac{x}{y}$$

Separamos os elementos por afinidade:

$$ydy = xdx$$

Integramos ambos os lados:

$$\int ydy = \int xdx$$

Calculamos as integrais separadamente:

$$\frac{y^2}{2} = \frac{x^2}{2} + C$$

Vejamos mais um exemplo.

Exemplo 1.2

Resolva a equação diferencial $\frac{dy}{dx} = \frac{x^2}{y^2}$.

$$\frac{dy}{dx} = \frac{x^2}{y^2}$$

Separamos os elementos por afinidade:

$$y^2 dy = x^2 dx$$

Integramos ambos os lados:

$$\int y^2 dy = \int x^2 dx$$

Calculamos as integrais separadamente:

$$\frac{y^3}{3} = \frac{x^3}{3} + C$$

Podemos isolar o y, isto é, deixar em função de x:

$$y^3 = 3\left(\frac{x^3}{3} + C\right)$$

Fazendo a distributiva do 3, temos:

$$y^3 = x^3 + K, \text{ em que } K = 3C$$

Assim,

$$y = \sqrt[3]{x^3 + K}$$

Nesse ponto, cabe ressaltar que, se derivássemos as funções resultantes, chegaríamos às equações diferenciais dadas nos enunciados.

Como exemplo disso, apresentamos a resolução de uma equação diferencial relativamente simples, a fim de que nos auxilie na verificação da reciprocidade entre equações diferenciais e derivadas. Confira a seguir.

Exemplo 1.3
Resolva a equação diferencial $y' = x$.

$$y' = x$$

$$\frac{dy}{dx} = x$$

$$dy = (x)dx$$

$$\int dy = \int (x)dx$$

$$y = \frac{x^2}{2} + C$$

Agora, derivamos esse resultado para verificar a reciprocidade entre equações diferenciais e derivadas:

$$y = \frac{x^2}{2} + C$$

$$y' = \frac{2x}{2}$$

$$y' = x$$

Como demonstrado, o Exemplo 1.3 comprova a reciprocidade.

1.4 Na prática

No contexto deste capítulo, podemos citar as aplicações do cálculo das equações diferenciais com relação aos fenômenos físicos. Por exemplo, eventos analisados no estudo de molas, pêndulos, circuitos elétricos, termodinâmica, esforços de estruturas, mecânica dos fluidos e tantos outros no campo das engenharias. Também há exemplos na verificação do crescimento populacional, em fenômenos logísticos, nas capitalizações, entre outros. Como afirmamos na introdução deste capítulo, as equações diferenciais nos levam ao mundo da modelagem matemática. Esse novo horizonte busca aplicar modelos matemáticos em situações diversas, no intuito de entender, explicar e até prever fenômenos científicos.

Os modelos matemáticos, desde que adequados, têm grande potencial de simulação de ambiente real, como movimentos populacionais e fenômenos físicos e químicos.

Exercícios resolvidos

1) Resolva a equação diferencial $y' = 2x + 3$.

$$y' = 2x + 3$$

$$\frac{dy}{dx} = 2x + 3$$

$$dy = (2x + 3)dx$$

$$\int dy = \int (2x + 3)dx$$

$$y = x^2 + 3x + C$$

2) Resolva a equação diferencial $\dfrac{dw}{dx} = \sqrt{x} \cdot e^{-2w}$.

$$\dfrac{dw}{dx} = \sqrt{x} \cdot e^{-2w}$$

$$\dfrac{dw}{dx} = \sqrt{x} \cdot \dfrac{1}{e^{2w}}$$

$$e^{2w} dw = \sqrt{x}\, dx$$

$$\int e^{2w} dw = \int \sqrt{x}\, dx$$

$$\dfrac{1}{2} \int e^{2w}(2) dw = \int x^{1/2}\, dx$$

$$\dfrac{1}{2} e^{2w} = \dfrac{2\sqrt[3]{x^2}}{3} + C$$

$$e^{2w} = \dfrac{4\sqrt[3]{x^2}}{3} + 2C, \text{ em que } 2C = K$$

$$2w = \ln\left(\dfrac{4\sqrt[3]{x^2}}{3} + K\right)$$

$$w = \dfrac{1}{2} \ln\left(\dfrac{4\sqrt[3]{x^2}}{3} + K\right)$$

3) Resolva a equação diferencial $\dfrac{dy}{dx} = \dfrac{\ln x}{xy}$.

$$\dfrac{dy}{dx} = \dfrac{\ln x}{xy}$$

$$y\,dy = \dfrac{\ln x}{xy}\, dx$$

$$\int y\,dy = \int \dfrac{\ln x}{xy}\, dx$$

$$\int y\,dy = \int \ln x \cdot \dfrac{1}{x} \cdot dx$$

$$\dfrac{y^2}{2} = \dfrac{(\ln x)^2}{2} + C$$

$$y^2 = \dfrac{2(\ln x)^2}{2} + C, \text{ em que } 2C = K$$

$$y = \sqrt{(\ln x)^2 + K}$$

4) Resolva a equação diferencial $y' = x^2y$.

$y' = x^2y$

$\int \dfrac{1}{y}\,dy = \int x^2\,dx$

$\ln y = \dfrac{x^3}{3} + C$

$y = e^{\frac{x^3}{3} + C}$

5) Resolva a equação diferencial $y' = xy^2$.

$y' = xy^2$

$\int \dfrac{1}{y^2}\,dy = \int x\,dx$

$\int y^{-2}\,dy = \int x\,dx$

$-y^{-1} = \dfrac{x^2}{2} + C$

$-\dfrac{1}{y} = \dfrac{x^2}{2} + C$

$\dfrac{1}{y} = -\dfrac{x^2 + 2C}{2}$, em que $2C = K$

$y = -\dfrac{2}{x^2 + 2C} = -\dfrac{2}{x^2 + K}$

6) Resolva a equação diferencial $\operatorname{sen} y \cdot y' = x^2 + x$.

$\operatorname{sen} y \cdot y' = x^2 + x$

$\operatorname{sen} y \cdot \dfrac{dy}{dx} = x^2 + x$

$\operatorname{sen} y\,dy = (x^2 + x)\,dx$

$\int \operatorname{sen} y\,dy = \int (x^2 + x)\,dx$

$-\cos y = \dfrac{x^3}{3} + \dfrac{x^2}{2} + C$

Ou:

$y = \arccos\left(-\dfrac{x^3}{3} - \dfrac{x^2}{2} + C\right)$

7) Resolva a equação diferencial y' = xy cos x.

$y' = xy \cos x$

$\dfrac{dy}{dx} = xy \cos x$

$\dfrac{1}{y} dy = x \cos x \, dx$

$\int \dfrac{1}{y} dy = \int x \cos x \, dx$

Integrando por parte o segundo membro da igualdade:

$\ln|y| = x \,\text{sen}\, x + \cos x + C$

Ou, com muita atenção, seguindo na questão do módulo da função:

$|y| = e^{x \,\text{sen}\, x + \cos x + C}$

8) Resolva a equação diferencial $y' = 3x^2 - 4x + 1$ (a) e encontre a solução dessa equação que satisfaça a condição inicial $y(0) = 2$ (b).

(a)

$y' = 3x^2 - 4x + 1$

$\dfrac{dy}{dx} = 3x^2 - 4x + 1$

$dy = (3x^2 - 4x + 1)dx$

$\int dy = \int (3x^2 - 4x + 1)dx$

$y = x^3 - 2x^2 + x + C$

(b)

Adotando a condição inicial $y(0) = 2$:

$0^3 - 2 \cdot 0^2 + 0 + C = 2$

$C = 2$, portanto, $y = x^3 - 2x^2 + x + 2$ para a condição inicial $y(0) = 2$.

> ## Síntese
> Neste capítulo, apresentamos as equações diferenciais de modo que você pudesse acompanhar os processos de forma simples e direta. É importante a completa compreensão desses cálculos e métodos, pois terão grande relevância no desenvolvimento dos conteúdos a seguir.
>
> Enfim, nossa caminhada pelos estudos das equações diferenciais dará o segundo passo. Entretanto, vale reiterar que os próximos capítulos são extremamente dependentes do conteúdo aqui trabalhado.

Questões para revisão

1) Resolva a equação diferencial $y' = x - 5$.

2) Resolva a equação diferencial $y' = x^2 - 2x + 5$.

3) Resolva a equação diferencial $\dfrac{dy}{dx} = \dfrac{1}{xy}$.

4) Resolva a equação diferencial $\dfrac{dy}{dx} = \dfrac{x+2}{xy}$.

5) Resolva a equação diferencial $\dfrac{dy}{dx} = \dfrac{x^2 + x}{2y + \cos y}$.

6) Resolva a equação diferencial $y' = \dfrac{\sec^2 x}{2y}$.

7) Resolva a equação diferencial $y' = \dfrac{2\sqrt[3]{x}}{e^x}$.

8) Resolva a equação diferencial $y' = x^3 - 2x^2 + x - 1$ para que a solução dessa equação satisfaça a condição inicial $y(0) = 1$.

9) Resolva a equação diferencial $y' = x - \cos x$ para que a solução dessa equação satisfaça a condição inicial $y(\pi) = 0$.

10) Resolva a equação diferencial $y' = \operatorname{sen} x - e^x$ para que a solução dessa equação satisfaça a condição inicial $y(0) = 1$.

Para saber mais

Para você conhecer mais um pouco a respeito do conteúdo deste capítulo, seja na busca de conhecimento, seja pela curiosidade despertada, indicamos a seguir um artigo e um livro sobre o tema:

MATOS, M. Equações diferenciais de variáveis separáveis: exercícios resolvidos. **Luso Academia**, 3 jan. 2016. Disponível em: <https://lusoacademia.org/2016/03/01/equacao-diferenciais-de-variaveis-separaveis-exercicios-resolvidos>. Acesso em: 23 jan. 2018.

STEWART, J. **Cálculo**. 7. ed. São Paulo: Cengage Learning, 2014. v. 2.

Neste capítulo, ampliaremos o entendimento sobre os conceitos de equações diferenciais. Você perceberá que o assunto tomará corpo e ficará mais denso.

Com base em conceitos simples, caminharemos na busca das soluções por meio de exemplos matemáticos. Após os estudos deste capítulo, você será capaz de realizar cálculos iniciais de equações diferenciais homogêneas e equações diferenciais lineares.

2

Introdução à separação de variáveis

2.1 Equações homogêneas

Uma boa definição de *função homogênea* é encontrada em Zill e Cullen (2014, p. 53, grifos do original):

> "se uma f satisfaz $f(tx, ty) = t^n f(x, y)$ para algum número real n, então dizemos que f é uma **função homogênea de grau *n***".

Seguindo essa ideia, saímos do ambiente das funções f(x, y) para enfrentar algo mais complexo no formato. Dessa forma, agora, nosso objetivo é transformar as funções propostas em exercícios no formato f(tx, ty) da definição de função homogênea.

Vejamos como isso funciona nos exemplos a seguir.

Exemplo 2.1

Verifique se $f(x, y) = x^2 - xy$ é uma função homogênea.

$f(tx, ty) = (tx)^2 - (tx)(ty)$

$f(tx, ty) = t^2x^2 - t^2xy$

$f(tx, ty) = t^2(x^2 - xy)$

$f(tx, ty) = t^2 f(x, y)$

Portanto, f(x, y) **é uma função homogênea** de grau 2.

Vamos examinar mais um caso.

Exemplo 2.2

Verifique se $f(x, y) = x^2 - xy + 1$ é uma função homogênea.

$f(tx, ty) = (tx)^2 - (tx)(ty) + 1$

$f(tx, ty) = t^2x^2 - t^2xy + 1$

$f(tx, ty) = t^2(x^2 - xy) + 1$

Assim,

$f(tx, ty) \neq t^n f(x, y)$

Portanto, a função **não é uma função homogênea**.

Agora que já demonstramos como identificar se uma função é ou não uma função homogênea, resolveremos uma equação diferencial homogênea propriamente dita.

Ao encontro do que trataremos adiante, Zill e Cullen (2014) apresentam a seguinte definição:

> Uma equação diferencial da forma $M(x, y)dx + N(x, y)dy = 0$ é chamada de *homogênea* se ambos os coeficientes M e N são funções homogêneas do mesmo grau.

Pela definição de função homogênea, na qual temos que $f(tx, ty) = t^n f(x, y)$, de forma análoga, em $M(x, y)dx + N(x, y)dy = 0$, teremos $M(tx, ty) = t^n M(x, y)$ e $N(tx, ty) = t^n N(x, y)$, em que o grau de ambas é o mesmo.

Um detalhe importante é saber por que fazer isso. Uma resposta simples e direta é: porque, ao entendermos os mecanismos de uma equação diferencial homogênea, torna-se mais simples a resolução com uma **substituição algébrica**. Vejamos o caso dos exemplos 2.1 e 2.2, nos quais fizemos substituições de x por tx e y por ty.

Entretanto, em razão da maior complexidade das equações diferenciais ora em análise, substituiremos $y = ux$ ou $x = vy$, em que u e v são variáveis independentes. Lembramos que a diferencial de $y = ux$ é $dy = udx + xdu$.

Exemplo 2.3
Resolva a equação diferencial $y^2 dx - (x^2 + xy)dy = 0$ adotando a substituição apropriada.

$y^2\, dx - (x^2 + xy)dy = 0$

Fazendo a substituição $y = ux$ e $dy = udx + xdu$:

$u^2 x^2 dx - (x^2 + xux)(udx + xdu) = 0$

$u^2 x^2 dx - x^2(1 + u)(udx + xdu) = 0$

$-ux^2\, dx - x^3(1 + u)du = 0$

$\dfrac{1}{x}dx = \left(-\dfrac{1}{u} - 1\right) du$

$\ln|x| = -\ln|u| - u + C$

Como $y = ux$ e $u = y/x$, logo:

$\ln|x| = -\ln\left|\dfrac{y}{x}\right| - \dfrac{y}{x} + C$

$\ln|y| = -\dfrac{y}{x} + C$

$y = -x\ln|y| + Cx$

2.2 Equações lineares

Tomaremos como uma equação diferencial, dita *equação diferencial linear*, aquela que, por definição, tem esta forma:

$$\dfrac{dy}{dx} + P(x)y = Q(x)$$

Para resolvermos uma equação diferencial linear, primeiramente precisamos calcular o **fator de integração** (ou **fator integrante**), dependendo do autor de referência. Esse fator surge quando utilizamos a técnica da **integração logarítmica** para integrar uma função.

É importante dar atenção especial à próxima seção, uma vez que ela contemplará o surgimento do fator de integração por meio do cálculo e, especificamente, por integração logarítmica.

2.3 Fator de integração

Em Stewart (2014) consta que o fator de integração surge quando se opera com uma equação separável do tipo I'(x) = I(x)P(x) para *I*. Dessa forma, resolvemos:

$$I'(x) = I(x)P(x)$$

$$\frac{dI}{dx} = I(x)P(x)$$

$$\frac{dI}{(I)x} = P(x)dx$$

$$\int \frac{dI}{I(x)} = \int P(x)dx$$

$$\ln|I| = \int P(x)dx$$

Usando a definição de logaritmo:

$$I = Ae^{\int P(x)dx}$$

Considerando *A* como um valor particular, temos A = 1:

$$I = e^{\int P(x)dx}$$

Esse é, então, o fator integrante.

O cálculo do fator de integração é relativamente simples. Basta identificar na equação linear $\frac{dy}{dx} + P(x)y = Q(x)$ o termo P(x).

Agora, calculamos o fator de integração:

$$I(x) = e^{\int P(x)dx}$$

Definido, por meio do cálculo, o fator de integração, analisaremos seu uso na resolução de equações diferenciais lineares.

2.4 Resolvendo uma equação diferencial linear

Depois de calculado o fator de integração, este deve ser multiplicado nos termos da equação linear pelo fator de integração.

O próximo passo será recorrer à ideia da **derivação de produto** para resolver a equação diferencial.

Acompanhe esse cálculo no exemplo a seguir.

Exemplo 2.4

Resolva $y' + 2y = 2$.

(I) Comparando $y' + 2y = 2$, com $y' + P(x)y = Q(x)$, temos $P(x) = 2$.

(II) Dessa forma, calculamos o fator de integração $I(x) = e^{\int P(x)dx}$ como $I(x) = e^{\int 2dx}$.

Calculando $\int 2dx$:

$$\int 2dx = 2x$$

Assim, temos:

$$I(x) = e^{2x}$$

(III) Multiplicando todos os termos pelo fator de integração:

$$e^{2x}y' + e^{2x}2y = 2e^{2x}$$

(IV) Adotando a regra do produto da derivação $[(uv)' = uv' + u'v]$ no primeiro membro:

$$e^{2x}y' + e^{2x}2y = 2e^{2x}$$

$$(e^{2x}y)' = 2e^{2x}$$

(V) Integrando ambos os membros em relação a x:

$$(e^{2x}y)' = 2e^{2x}$$

$$\frac{d}{dx}(e^{2x}y) = 2e^{2x}$$

$$e^{2x}y = \int 2e^{2x}dx$$

$$e^{2x}y = \int e^{2x} 2dx + C$$

$$e^{2x}y = e^{2x} + C$$

$$y = 1 + \frac{C}{e^{2x}}$$

Como foi possível constatar, trabalhamos com soluções gerais até aqui. Na próxima seção, vamos operar com equações específicas para condições iniciais.

2.5 Problemas com valores iniciais

A exemplo das integrais definidas, em que há os limites de integração para calcular o valor das constantes, nas equações diferenciais também há algo similar. Contudo, isso ocorre de forma mais direta na aplicação.

Os valores iniciais revelam os valores das constantes C que estiveram presentes até aqui, bastando respeitar a condição dada. Agora, será possível calcular o valor dessas constantes, ou seja, daremos mais um passo em nosso cálculo. Acompanhe os exemplos a seguir.

Exemplo 2.5

Resolva a equação diferencial $x^2 y' + 2xy = 1$, sabendo que $y(1) = 2$.

(I) Primeiramente, solucionaremos a equação diferencial:

$$x^2 y' + 2xy = 1$$

$$(x^2 y)' = 1$$

$$x^2 y = \int 1 dx$$

$$x^2 y = x + C$$

(II) Aplicando a condição $y(1) = 2$:

$$1^2 \cdot 2 = 1 + C$$

$$C = 1$$

Logo, $x^2 y = x + 1$.

Portanto, $y = \dfrac{1}{x} + \dfrac{1}{x^2}$.

2.6 Na prática

Podemos citar como uma boa aplicação prática do conteúdo deste capítulo o estudo de circuitos elétricos, propriamente dito nas Leis de Ohm, em uma aproximação linear. Outro ponto interessante de aplicação está na termodinâmica, por meio da Lei de Resfriamento de Newton.

Também é possível aplicar esse conceito nas investigações de estatísticas populacionais nas equações de Bernoulli. Há, ainda, casos de estudos nas ciências econômicas, em análises de panoramas financeiros e econômicos.

Exercícios resolvidos

1) Resolva a equação diferencial linear $xy - y = x^2$.

$xy' - y = x^2$

I. Transformando para o formato $y' + P(x)y = Q(x)$:

$xy' - y = x^2$

$y' - \dfrac{1}{x}y = x$

II. Comparando $y' - \dfrac{1}{x}y = x$ com $y' + P(x)y = Q(x)$, temos $P(x) = -\dfrac{1}{x}$.

III. Dessa forma, calculamos o fator de integração $I(x) = e^{\int P(x)dx}$ como $I(x) = e^{\int -\frac{1}{x}dx}$.

Calculando $\int -\dfrac{1}{x}dx$:

$\int -\dfrac{1}{x}dx = -\ln|x| = \ln\left|\dfrac{1}{x}\right|$

Assim, temos:

$I(x) = e^{\ln\left|\frac{1}{x}\right|dx} = \dfrac{1}{x}$

IV. Multiplicando todos os termos da equação pelo fator de integração:

$y' - \dfrac{1}{x}y = x \cdot \left(\dfrac{1}{x}\right)$

$\dfrac{1}{x}y' - \dfrac{1}{x^2}y = 1$

V. Adotando a regra do produto da derivação $[(uv)' = uv' + u'v]$ no primeiro membro:

$\dfrac{1}{x}y' - \dfrac{1}{x^2}y = 1$

$\left(\dfrac{1}{x}y\right)' = 1$

VI. Integrando ambos os membros em relação a x:

$\dfrac{1}{x}y = \int 1\,dx$

$\dfrac{1}{x}y = x + C$

$y = x^2 + xC$ (resultado)

2) Resolva a equação diferencial linear $y' = x^2 - y$:

$y' = x^2 - y$

I. Transformando para o formato $y' + P(x)y = Q(x)$:

$y' = x^2 - y$

$y' + y = x^2$

II. Comparando $y' + y = x^2$ com $y' + P(x)y = Q(x)$, temos $P(x) = 1$.

III. Dessa forma, calculamos o fator de integração $I(x) = e^{\int P(x)dx}$ como $I(x) = e^{\int 1dx}$.

Calculando $\int 1dx$:

$\int 1dx = x$

Assim, temos:

$I(x) = e^x$

IV. Multiplicando todos os termos da equação pelo fator de integração:

$y' + y = x^2 \cdot (e^x)$

$e^x y' + e^x y = x^2 e^x$

V. Adotando a regra do produto da derivação $[(uv)' = uv' + u'v]$ no primeiro membro:

$e^x y' + e^x y = x^2 e^x$

$(e^x y)' = x^2 e^x$

VI. Integrando ambos os membros em relação a x:

$e^x y = \int x^2 e^x \, dx$ (integração por partes)

$e^x y = x^2 e^x - \int 2x \, e^x \, dx$ (outra integração por partes)

$e^x y = x^2 e^x - [2xe^x - 2 \int e^x \, dx]$

$e^x y = x^2 e^x - [2xe^x - 2e^x]$

$e^x y = x^2 e^x - 2xe^x - 2e^x + C$

$y = x^2 - 2x + 2 + \dfrac{C}{e^x}$ (resultado)

3) Resolva a equação diferencial linear $y' - x = 2y$.

$y' - x = 2y$

I. Transformando para o formato $y' + P(x)y = Q(x)$:

$y' - x = 2y$

$y' - 2y = x$

II. Comparando $y' - 2y = x$ com $y' + P(x)y = Q(x)$, temos $P(x) = -2$.

III. Dessa forma, calculamos o fator de integração $I(x) = e^{\int P(x)dx}$ como $I(x) = e^{\int -2dx}$.

Calculando $\int -2dx$:

$\int -2dx = -2x$

Assim, temos:

$I(x) = ew^{-2x}$

IV. Multiplicando todos os termos da equação pelo fator de integração:

$y' - 2y = x \cdot (e^{-2x})$

$e^{-2x}y' - 2e^{-2x}y = x$

V. Adotando a regra do produto da derivação $[(uv)' = uv' + u'v]$ no primeiro membro:

$e^{-2x}y' - 2e^{-2x}y = x$

$e^{-2x}y' + (e^{-2x})(-2)y = xe^{-2x}$

$(e^{-2x}y)' = xe^{-2x}$

VI. Integrando ambos os membros em relação a x:

$(e^{-2x}y)' = xe^{-2x}$

$(e^{-2x}y) = \int xe^{-2x}dx$ (integração por partes)

$(e^{-2x}y) = -\dfrac{1}{2}xe^{-2x} - \dfrac{1}{4}e^{-2x} + C$

$y = \dfrac{1}{2}x - \dfrac{1}{4} + e^{-2x}C$ (resultado)

4) Resolva a equação diferencial linear $3x^2y + x^3y' = \cos 2x$.

Observação: neste caso, já é possível verificar a regra de derivação do produto, sendo dispensável o cálculo do fator de integração. Portanto, é possível integrar diretamente:

$3x^2y + x^3y' = \cos 2x$

$x^3y + 3x^2y' = \cos 2x$

$(x^3y)' = \cos 2x$

Integrando em relação a x:

$x^3y = \int \cos 2x\, dx$

$x^3y = \dfrac{1}{2} \operatorname{sen} 2x + C$

$y = \dfrac{1}{2x^3} \operatorname{sen} 2x + \dfrac{C}{x^3}$ (resultado)

5) Resolva a equação diferencial $xy' + y = 2x$, para $x > 0$, sabendo que $y(1) = 1$.

$xy' + y = 2x$

I. Transformando para o formato $y' + P(x)y = Q(x)$

$y' + \dfrac{1}{x}y = 2$

II. Comparando $y' + \dfrac{1}{x}y = 2$ com $y' + P(x)y = Q(x)$, temos $P(x) = \dfrac{1}{x}$.

III. Dessa forma, calculamos o fator de integração $I(x) = e^{\int P(x)dx}$ como $I(x) = e^{\int -\frac{1}{x}dx}$.

Calculando $\int \dfrac{1}{x} dx$:

$\int \dfrac{1}{x} dx = \ln|x|$

Calculando o fator de integração:

$I(x) = e^{\int -\frac{1}{x}dx} = e^{\ln|x|} = |x|$, portanto, $I(x) = x$ (lembrando da condição inicial $x > 0$).

IV. Multiplicando o fator de integração:

$y' + \dfrac{1}{x}y = 2 \cdot (x)$

$xy' + y = 2x$

Observação: você deve ter percebido que, antes de iniciar um exercício, é melhor identificar se já é possível deixar a equação no formato da regra do produto da derivação (conforme consta no exercício 4). Quando é possível, certamente isso poupa muito tempo.

V. Adotando a regra do produto da derivação [(uv)' = uv' + u'v] no primeiro membro:

$xy' + y = 2x$

$xy' + 1 \cdot y = 2x$

$(xy)' = 2x$

VI. Integrando ambos os membros em relação a x:

$xy = \int 2x dx$

$xy = x^2 + C$

VII. Aplicando a condição $y(1) = 1$:

$1 \cdot 1 = 1^2 + C$

Logo,

$C = 0$

Portanto:

$xy = x^2$

$xy - x^2 = 0$

$y = 0$ (resultado)

6) Resolva a equação diferencial $2xy + x^2 \dfrac{dy}{dx} = \cos x$, sabendo que $y(\pi) = 0$:

$2xy + x^2 \dfrac{dy}{dx} = \cos x$

$2xy + x^2 y' = \cos x$

$x^2 y' + 2xy = \cos x$

Portanto, é possível integrar diretamente:

$(x^2 y)' = \cos x$

$x^2 y = \int \cos x \, dx$

$x^2 y = \operatorname{sen} x + C$

Adotando a condição $y(\pi) = 0$

$\pi^2 \cdot 0 = \operatorname{sen} \pi + C$

$C = 0$

Então:

$x^2 y = \operatorname{sen} x$ (resultado)

Síntese

Neste capítulo, abordamos a separação de variáveis para, posteriormente, demonstrar as equações homogêneas e as equações lineares. Buscamos descrever os processos desses cálculos de forma simples e direta.

Também apresentamos o fator de integração e seu uso. Por fim, tratamos da ideia dos problemas de valor inicial.

Questões para revisão

1) Verifique se $f(x, y) = x^2 y + y^3$ é uma função homogênea.

2) Verifique se $f(x, y) = \cos\left(\dfrac{x}{x+y}\right)$ é uma função homogênea.

3) Resolva a equação diferencial $(x^2 + y^2)dx = xy\,dy$ adotando a substituição apropriada.

4) Resolva a equação diferencial $\dfrac{dx}{dy} = \dfrac{(x^2 + 2y^2)}{2xy}$ adotando a substituição apropriada.

5) Resolva a equação diferencial $y' = x + 3y$.

6) Resolva a equação diferencial $x^2 y' + 2xy = \sqrt{x}$.

7) Resolva a equação diferencial $\dfrac{y'}{x^3} - \operatorname{sen} x = \dfrac{y}{x^2}$, $x > 0$.

8) Resolva a equação diferencial $x^3 \dfrac{dx}{dy} + 3x^2 y = \ln x$.

9) Resolva a equação diferencial $xy' - x^2 = 3y$, $x > 0$, sabendo que $y(1) = 0$.

10) Resolva a equação diferencial $2xy' + y = 4x$, $x > 0$, sabendo que $y(1) = 7/3$.

Para saber mais

O livro e o artigo a seguir indicados trazem conteúdo correlato ao que tratamos no presente capítulo. Aprofunde seus conhecimentos consultando estas recomendações:

ANTON, H.; BIVENS, I. C.; DAVIS, S. L. **Cálculo**: um novo horizonte. 10. ed. Porto Alegre: Bookman, 2014. v. 2.

MATOS, M. Equações diferenciais homogéneas: exercícios resolvidos. **Luso Academia**, 3 fev. 2016. Disponível em: <https://lusoacademia.org/2016/03/02/equacoes-diferenciais-homogeneas-exercicios-resolvidos>. Acesso em: 23 jan. 2018.

Neste capítulo, abordaremos as equações lineares de ordem superior, ou seja, os cálculos serão mais densos e, consequentemente, exigirão mais atenção. Analisaremos também os sistemas lineares, as equações lineares homogêneas com coeficientes constantes e o método dos coeficientes indeterminados.

Após os estudos deste capítulo, que dá início à segunda metade da disciplina Cálculo III, você será capaz de realizar cálculos iniciais de equações diferenciais lineares de ordem superior.

3

Equações diferenciais lineares de ordem superior e método dos coeficientes indeterminados

3.1 Equações lineares homogêneas de segunda ordem com coeficientes constantes

Primeiramente, é necessário identificar uma equação linear de segunda ordem. Isso porque tal reconhecimento tem absoluto impacto quanto ao modelo de solução que será utilizado.

Para melhor entendimento, adotaremos a forma geral de uma equação linear de segunda ordem:

$$P(x)\frac{d^2y}{dx^2} + Q(x)\frac{dy}{dx} + R(x)y = G(x)$$

Dessa forma, os membros de equação diferencial de segunda ordem ficam mais organizados e, consequentemente, mais fácil será a respectiva identificação.

3.2 Equação linear homogênea e equação linear não homogênea

Considerando que P, R, Q e G são funções contínuas, se $G = 0$, haverá uma equação linear homogênea. Por outro lado, se $G \neq 0$, haverá uma equação linear não homogênea.

No caso das equações lineares homogêneas ($G = 0$), primeiramente, é possível calcular as soluções da equação como **combinação linear**. Também podemos lançar uma **equação auxiliar**[1] para o cálculo.

Destacamos que o método de solução de uma equação diferencial desse tipo é muito próximo de uma substituição de variáveis, porém mais complexo.

Para demonstrar o método, iniciaremos com a análise e a solução de uma equação linear homogênea. Em Stewart (2014, p. 1.020), encontramos o seguinte teorema:

> "Se $y_1(x)$ e $y_2(x)$ são ambas soluções da equação linear homogênea $P(x)\frac{d^2y}{dx^2} + Q(x)\frac{dy}{dx} + R(x)y = 0$ e C_1 e C_2 são constantes quaisquer, então a função $y(x) = C_1 y_1(x) + C_2 y_2(x)$ é uma solução da equação linear homogênea".

---

1 Alguns autores, entre eles Stewart (2014), chamam a equação auxiliar de *equação característica*.

Com uma adaptação na terminologia, passando de

$$P(x)\frac{d^2y}{dx^2} + Q(x)\frac{dy}{dx} + R(x)y = 0$$

para

$$P(x)y'' + Q(x)y' + R(x)y = 0$$

e entendendo que P, R e Q sejam funções constantes a, b e c, respectivamente, temos:

$$ay'' + by' + cy = 0 \text{ (\textbf{equação auxiliar})}$$

Outro ponto importante é que, ao considerar que $y = e^{rx}$ (r é uma constante qualquer), temos como derivadas $y' = re^{rx}$ e $y'' = r^2 e^{rx}$.

Portanto, trazendo essas duas ideias para a equação auxiliar:

$$ay'' + by' + cy = 0$$

$$ar^2 e^{rx} + bre^{rx} + ce^{rx} = 0$$

$$(ar^2 + br + c)e^{rx} = 0$$

E, sempre que $e^{rx} \neq 0$, temos que $y = e^{rx}$ é uma solução da equação auxiliar se r for solução de $ar^2 + br + c = 0$

Contudo, trabalharemos com soluções de uma **equação quadrática** ($ar^2 + br + c = 0$). Dessa forma, é preciso considerar as possibilidades de resultados utilizando a fórmula de Bhaskara e analisando o discriminante ($\Delta = b^2 - 4ac$):

- $\Delta > 0$, duas soluções Reais e distintas.
- $\Delta = 0$, uma solução Real.
- $\Delta < 0$, duas soluções não Reais.

Definido isso, vamos trabalhar com três possibilidades do **discriminante**:

1. Por meio da resolução pela fórmula quadrática (Bhaskara), um $\Delta > 0$ implica duas soluções Reais e distintas. Cabe reiterar: $y = e^{rx}$ é uma solução da equação auxiliar se r for solução de $ar^2 + br + c = 0$. Aplicando esse conceito à análise, constatamos que as raízes Reais e distintas calculadas têm o formato $y_1 = e^{r_1 x}$ e $y_2 = e^{r_2 x}$.

Pelo teorema já apresentado, cuja ideia de solução geral é $y(x) = C_1 y_1(x) + C_2 y_2(x)$, podemos definir que, tratando-se da equação auxiliar ($ar^2 + br + c = 0$), temos como solução geral $y = C_1 e^{r_1 x} + C_2 e^{r_2 x}$, na qual r_1 e r_2 são as soluções Reais e distintas da equação auxiliar. Vejamos o exemplo a seguir.

Exemplo 3.1

Resolva a equação $y'' - 5y' + 6y = 0$.

Analisando essa equação, constatamos que se trata de uma equação linear homogênea. Portanto, adotaremos o modelo descrito com a equação auxiliar:

$$y'' - 5y' + 6y = 0$$

$$r^2 - 5r + 6 = 0$$

Calculando as raízes, temos: $r_1 = 2$ e $r_2 = 3$.

Da definição anterior, ficamos com a solução geral ($y = C_1 e^{r_1 x} + C_2 e^{r_2 x}$):

$$y = C_1 e^{2x} + C_2 e^{3x}$$

2. Por meio da resolução pela fórmula quadrática (Bhaskara), um $\Delta = 0$ implica uma única solução Real r para a equação auxiliar $ar^2 + br + c = 0$. Assim, por definição, as raízes da equação linear homogênea têm formato $y_1 = e^{rx}$ e $y_2 = xe^{rx}$, nas quais r é a solução da equação auxiliar. Portanto, temos como solução da equação linear homogênea: $y = C_1 e^{rx} + C_2 x e^{rx}$. A seguir, apresentamos um exemplo.

Exemplo 3.2

Resolva a equação $y'' - 2y' + y = 0$.

Analisando essa equação, constatamos que se trata de uma equação linear homogênea. Portanto, adotaremos o modelo descrito com a equação auxiliar:

$$y'' - 2y' + y = 0$$

$$r^2 - 2r + 1 = 0$$

Calculando as raízes, temos: $r = 1$ (raiz dupla).

Da definição anterior, ficamos com a solução geral $y = C_1 e^{rx} + C_2 x e^{rx}$:

$$y = C_1 e^x + C_2 x e^x$$

3. Por meio da resolução pela fórmula quadrática (Bhaskara), um $\Delta < 0$ implica soluções não Reais para a equação auxiliar $ar^2 + br + c = 0$. Precisamos, nesse caso, recorrer à solução no ambiente dos números complexos na forma trigonométrica. Assim, quando chegarmos à solução complexa na forma algébrica da equação auxiliar, $r_1 = a - bi$ e $r_2 = a + bi$, usaremos como solução da equação linear homogênea $y = e^{ax}(C_1 \cos bx + C_2 \operatorname{sen} bx)$. O exemplo a seguir elucida essa possibilidade.

Exemplo 3.3

Resolva a equação $y'' - 2y' + 2y = 0$.

Analisando essa equação, constatamos que se trata de uma equação linear homogênea. Portanto, adotaremos o modelo descrito com a equação auxiliar:

$$y'' - 2y' + 2y = 0$$

$$r^2 - 2r + 2 = 0$$

Calculando as raízes, temos: $r_1 = 1 - i$ e $r_2 = 1 + i$.

Da definição anterior, ficamos com a solução geral ($y = e^{ax}(C_1 \cos bx + C_2 \sen bx)$):

$$y = e^x(C_1 \cos x + C_2 \sen x)$$

3.3 Método dos coeficientes indeterminados (equações lineares não homogêneas)

As equações lineares homogêneas, por definição, são aquelas que têm a seguinte forma geral:

$$P(x)\frac{d^2y}{dx^2} + Q(x)\frac{dy}{dx} + R(x)y = G(x)$$

Sendo P, R, Q e G funções contínuas, com o termo $G = 0$.

Por sua vez, as equações lineares homogêneas com o termo $G \neq 0$ são definidas como *equações lineares não homogêneas*.

O método de cálculo a seguir avança mais um passo neste estudo. Assim, além de calcularmos a equação auxiliar, faremos uma equalização com uma **solução particular**, devidamente destacada nos respectivos exemplos que se seguirão.

Para despertar a curiosidade e a motivação, examinaremos casos nos quais $G(x)$ assume características de k (constante), x^n, $x^n e^{ax}$, $x^n e^{ax} \cos bx$ e $x^n e^{ax} \sen bx$.

O método a ser utilizado para encontrar as soluções dessas equações será baseado na soma de dois estágios:

1. Solução complementar (y_C).
2. Solução particular (y_P).

Enfim, a solução será dada quando $y = y_C + y_P$.

Note que a solução complementar seguirá o modelo apresentado na seção anterior, isto é, consideraremos $G(x) = 0$. A solução particular fundamenta-se em modelos predispostos.

Tabela 3.1 – Modelos de soluções particulares

G(x)	y_P
K	A
$ax + b$	$Ax + B$
$ax^2 + bx + c$	$Ax^2 + Bx + C$
$ax^3 + bx^2 + cx + d$	$Ax^3 + Bx^2 + Cx + D$
sen ax	A cos ax + B sen ax
cos ax	A cos ax + B sen ax
e^{ax}	Ae^{ax}
$(ax + b)e^{ax}$	$(Ax + B)e^{ax}$
$x^2 e^{ax}$	$(Ax^2 + Bx + C)e^{ax}$
e^{ax} sen bx	Ae^{ax} cos b + Be^{ax} sen b
$(ax^2 + bx + c)$cos ax	$(Ax^2 + Bx + C)$cos bx + $(Dx^2 + Ex + F)$sen bx
xe^{ax} cos ax	$(Ax+B) e^{ax}$ cos bx + $(Ax + B) e^{ax}$ sen bx

Fonte: Elaborado com base em Zill; Cullen, 2014, p. 188.

Vejamos o exemplo a seguir.

Exemplo 3.4

Resolva a equação $y'' - 5y' + 6y = 1$.

(I) Calculando a equação auxiliar, temos $G(x) = 0$.

$y'' - 5y' + 6y = 0$

$r^2 - 5r + 6 = 0$ (equação auxiliar)

Soluções da equação auxiliar: $r_1 = 2$ e $r_2 = 3$.

Assim, a equação complementar será:

$y_C = C_1 e^{2x} + C_2 e^{3x}$

(II) Como $G(x) = 1$, segue o modelo $G(x) = k \rightarrow y_P = A$ (Tabela 3.1):

$y_P = A$

$y'_P = 0$

$y''_P = 0$

Substituindo adequadamente em $y'' - 5y' + 6y = 1$, temos:

$y'' - 5y' + 6y = 1$

$0 - 5 \cdot 0 + 6A = 1$

Vamos examinar mais dois casos nos exemplos que seguem.

Exemplo 3.5

Resolva a equação $4y'' - y = \cos x$.

(I) Calculando a equação auxiliar, temos $G(x) = 0$.

$4y'' - y = 0$

$4r^2 - 1 = 0$ (equação auxiliar)

Soluções da equação auxiliar: $r_1 = -\dfrac{1}{2}$ e $r_2 = \dfrac{1}{2}$.

Assim, a equação complementar será:

$y_C = C_1 e^{-\frac{1}{2}x} + C_2 e^{\frac{1}{2}x}$

(II) Como $G(x) = \cos x$, segue o modelo $G(x) = \cos ax \to y_P = A \cos ax + B \operatorname{sen} ax$ (Tabela 3.1):

$y_P = A \cos x + B \operatorname{sen} x$

$y'_P = A \operatorname{sen} x + B \cos x$

$y''_P = -A \cos x - B \operatorname{sen} x$

Substituindo adequadamente em $4y'' - y = \cos x$, temos:

$4y'' - y = \cos x$

$4(-A \cos x - B \operatorname{sen} x) - (A \cos x + B \operatorname{sen} xy) = \cos x$

$-5A \cos x - 5B \operatorname{sen} x = \cos x$

$A = -\dfrac{1}{5}$

$B = 0$

Logo,

$y_P = -\dfrac{1}{5} \cos x$

Portanto:

$y = y_C + y_P$

$y = C_1 e^{-\frac{1}{2}x} + C_2 e^{\frac{1}{2}x} - \dfrac{1}{5} \cos x$ (resultado final)

Exemplo 3.6

Resolva a equação $y'' - y' + y = e^{2x}$.

(I) Calculando a equação auxiliar, temos $G(x) = 0$.

$$y'' - y' + y = 0$$

$$r^2 - r + 1 = 0$$

Soluções da equação auxiliar: $r_1 = \dfrac{1}{2} - \dfrac{\sqrt{3}}{2}i$ e $r_2 = \dfrac{1}{2} + \dfrac{\sqrt{3}}{2}i$.

Assim, a equação complementar será:

$$y_C = e^{ax}(C_1 \cos bx + C_2 \operatorname{sen} bx):$$

$$y_C = e^{\frac{1}{2}x}\left(C_1 \cos \dfrac{\sqrt{3}}{2}x + C_2 \operatorname{sen} \dfrac{\sqrt{3}}{2}x\right)$$

(II) Como $G(x) = e^{2x}$, segue o modelo $G(x) = e^{ax} \rightarrow y_P = Ae^{ax}$ (Tabela 3.1):

$$y_P = Ae^{2x}$$
$$y'_P = 2Ae^{2x}$$
$$y''_P = 4Ae^{2x}$$

Substituindo adequadamente em $y'' - y' + y = e^{2x}$, temos:

$$y'' - y' + y = e^{2x}$$

$$4Ae^{2x} - 2Ae^{2x} + Ae^{2x} = e^{2x}$$

$$3Ae^{2x} = e^{2x}$$

$$A = \dfrac{1}{3}$$

Logo,

$$y_P = \dfrac{1}{3}e^{2x}$$

Portanto:

$$y = y_C + y_P$$

$$y = e^{\frac{1}{2}x}\left(C_1 \cos \dfrac{\sqrt{3}}{2}x + C_2 \operatorname{sen} \dfrac{\sqrt{3}}{2}x\right) + \dfrac{1}{3}e^{2x} \text{ (resultado final)}$$

3.4 Problemas de valor inicial (condição de contorno)

No capítulo anterior, quando tratamos de uma questão de valor inicial, trabalhamos na solução final para encontrar o valor da constante de integração C. Neste capítulo, faremos basicamente o mesmo, porém haverá mais exigências para o desenvolvimento do cálculo.

Acompanhe o exemplo a seguir para perceber que, apesar de mais complexas, é possível resolver essas equações.

Exemplo 3.7

Resolva a equação $y'' - y = x^2 - 4$, considerando os valores iniciais $y(0) = 1$ e $y'(0) = 1$.

(I) Considerando $G(x) = 0$ para o cálculo da equação complementar $y'' - 1 = 0$:

$$y'' - y = 0$$

$$r^2 - 1 = 0$$

Sendo as soluções $r_1 = -1$ e $r_2 = 1$.

Assim, a equação complementar será:

$$y_C = C_1 e^{-x} + C_2 e^x$$

(II) Como $G(x) = x^2 - 4$, segue o modelo $G(x) = k \rightarrow y_P = Ax^2 + Bx + C$ (Tabela 3.1):

$$y_P = Ax^2 + Bx + C$$

$$y'_P = 2Ax + B$$

$$y''_P = 2A$$

Substituindo adequadamente em $y'' - y = x^2 - 4$, temos:

$$2A - (Ax^2 + Bx + C) = x^2 - 4$$

$$-Ax^2 - Bx + 2A - C = x^2 - 4$$

$$A = -1$$

$$B = 0$$

$$C = 2$$

Logo,

$$y_P = -x^2 + 2$$

Portanto:

$y = y_C + y_P$

$y(x) = C_1 e^{-x} + C_2 e^x - x^2 + 2$

Voltando ao enunciado para resgatar as informações que $y(0) = 1$ e $y'(0) = 1$:

$y(x) = C_1 e^{-x} + C_2 e^x - x^2 + 2$

$y(0x) = C_1 e^{-0} + C_2 e^0 - 0^2 + 2 = 1$

$C_1 + C_2 + 2 = 1$

$C_1 + C_2 = -1$ (I)

$y'(x) = -C_1 e^{-x} + C_2 e^x - 2x$

$y'(0) = -C_1 e^{-0} + C_2 e^0 - 2 \cdot 0 = 1$

$C_1 + C_2 = -1$ (II)

A partir de (I) e (II), temos o seguinte sistema:

$$\begin{cases} C_1 + C_2 = -1 \text{ (I)} \\ -C_1 + C_2 = 1 \text{ (II)} \end{cases}$$

$C_1 = -1$ e $C_2 = 0$

Portanto, temos a seguinte equação:

$y(x) = -e^{-x} - x^2 + 2$

3.5 Na prática

O conteúdo de aplicação prática deste capítulo é bem interessante e vasto nos campos da engenharia e da estatística, entre outros que utilizam a modelagem matemática para analisar fenômenos científicos (matemática, física e química) ou sociais (eventos demográficos). Nesse sentido, veremos algumas aplicações no próximo capítulo. Por ora, é importante entender os mecanismos de cálculo. Acompanhe, a seguir, os exercícios resolvidos.

Exercícios resolvidos

1) Resolva a equação $y'' + y' - 2y = 0$.

Analisando a equação, constatamos que se trata de uma equação linear homogênea. Portanto, adotaremos o modelo descrito com a equação auxiliar.

$y'' + y' - 2y = 0$

$r^2 + r - 2 = 0$

Calculando as raízes, $r_1 = -2$ e $r_2 = 1$.

Da definição anterior, ficamos com a solução geral ($y = C_1 e^{r_1 x} + C_2 e^{r_2 x}$):

$y = C_1 e^{-2x} + C_2 e^{x}$

2) Resolva a equação $2y'' + 3y' - y = 0$.

Analisando a equação, constatamos que se trata de uma equação linear homogênea. Portanto, adotaremos o modelo descrito com a equação auxiliar.

$2y'' + 3y' - y = 0$

$2r^2 + 3r - 1 = 0$

Calculando as raízes, $r_1 = \dfrac{-3 - 2\sqrt{3}}{4}$ e $r_2 = \dfrac{-3 + 2\sqrt{3}}{4}$.

Da definição anterior, ficamos com a solução geral ($y = C_1 e^{r_1 x} + C_2 e^{r_2 x}$):

$y = C_1 e^{\frac{-3 - 2\sqrt{3}}{4} x} + C_2 e^{\frac{-3 + 2\sqrt{3}}{4} x}$

3) Resolva a equação $4y'' - 4y' + y = 0$.

Analisando a equação, constatamos que se trata de uma equação linear homogênea. Portanto, adotaremos o modelo descrito com a equação auxiliar:

$4y'' - 4y' + y = 0$

$4r^2 - 4r + 1 = 0$

Calculando a raiz, $r = \dfrac{1}{2}$.

Da definição anterior, ficamos com a solução geral $y = C_1 e^{rx} + C_2 x e^{rx}$:

$y = C_1 e^{\frac{1}{2}x} + C_2 x e^{\frac{1}{2}x}$

4) Resolva a equação $y'' + 6y' + 9y = 0$.

Analisando a equação, constatamos que se trata de uma equação linear homogênea. Portanto, adotaremos o modelo descrito com a equação auxiliar.

$y'' + 6y' + 9y = 0$

$r^2 + 6r + 9 = 0$

Calculando a raiz, $r = -3$.

Da definição anterior, ficamos com a solução geral $y = C_1 e^{rx} + C_2 xe^{rx}$:

$y = C_1 e^{-3x} + C_2 xe^{-3x}$

5) Resolva a equação $y'' - y' + y = 0$.

Analisando a equação, constatamos que se trata de uma equação linear homogênea. Portanto, adotaremos o modelo descrito com a equação auxiliar.

$y'' - y' + y = 0$

$r^2 - r + 1 = 0$

Calculando as raízes, $r_1 = \frac{1}{2} - \frac{\sqrt{3}}{2}i$ e $r_2 = \frac{1}{2} + \frac{\sqrt{3}}{2}i$.

Da definição anterior, ficamos com a solução geral ($y = e^{ax}(C_1 \cos bx + C_2 \operatorname{sen} bx)$):

$y = e^{\frac{1}{2}x}\left(C_1 \cos \frac{\sqrt{3}}{2}x + C_2 \operatorname{sen} \frac{\sqrt{3}}{2}x\right)$

6) Resolva a equação $y'' - y = x^2 - 1$.

I. Calculando a equação auxiliar, temos $G(x) = 0$.

$y'' - y = 0$

$r^2 - 1 = 0$ (equação auxiliar)

Soluções da equação auxiliar: $r_1 = -1$ e $r_2 = 1$

Assim, a equação complementar será:

$y_C = C_1 e^{-x} + C_2 e^x$

II. Como $G(x) = x^2 - 1$, segue o modelo $G(x) = k \to y_P = Ax^2 + Bx + C$ (Tabela 3.1):

$y_P = Ax^2 + Bx + C$

$y'_P = 2Ax + B$

$y''_P = 2A$

Substituindo adequadamente em $y'' - 5y' + 6y = 1$, temos:

$y'' - y = x^2 - 1$

$2A - (Ax^2 + Bx + C) = x^2 - 1$

$-Ax^2 - Bx + 2A - C = x^2 - 1$

$A = -1$

$B = 0$

$C = -1$

Logo,

$y_P = -x^2 - 1$

Portanto:

$y = y_C + y_P$

$y = C_1 e^{-x} + C_2 e^x - x^2 - 1$ (resultado final)

7) Resolva a equação $y'' - 2y' + y = \cos x + x$.

   I. Calculando a equação auxiliar, temos $G(x) = 0$.

   $y'' - 2y' + y = 0$

   $r^2 - 2r + 1 = 0$ (equação auxiliar)

   Solução da equação auxiliar: $r = 1$.

   Assim, a equação complementar será:

   $y_C = C_1 e^x + C_2 x e^x$

   II. Como $G(x) = \cos x + x$, seguem dois modelos:

   (1) $G(x) = x \rightarrow y_{P1} = Ax + B$ (Tabela 3.1)

   (2) $G(x) = \cos ax \rightarrow y_{P2} = A \cos ax + B \sin ax$ (Tabela 3.1)

   (1)

   $y_{P1} = Ax + B$

   $y'_P = A$

   $y''_P = 0$

Substituindo adequadamente em $y'' - 2y' + y = x$, temos:

$y'' - 2y' + 1y = x$

$0 - 2A + Ax + B = x$

$A = 1$

$B = 2$

Logo,

$y_{P1} = x + 2$

(2)

$y_{P2} = A \cos x + B \sen x$

$y'_{P2} = -A \sen x + B \cos x$

$y''_{P2} = -A \cos x - B \sen x$

Substituindo adequadamente em $y'' - 2y' + y = \cos x$, temos:

$y'' - 2y' + y = \cos x$

$-A \cos x - B \sen x - 2(-A \sen x + B \cos x\ C) + A \cos x + B \sen x = \cos x$

$A = 0$

$B = -\dfrac{1}{2}$

Logo,

$y_{P2} = -\dfrac{1}{2} \sen x$

Portanto:

$y = y_C + y_{P1} + y_{P2}$

$y(x) = C_1 e^{-x} + C_2 xe^x + x + 2 - \dfrac{1}{2} \sen x$ (resultado final)

8) Resolva a equação $y'' - 4y = \sen x$, considerando os valores iniciais $y(0) = 1$ e $y'(0) = 1$.
   I. Calculando a equação auxiliar, temos $G(x) = 0$.

$y'' - 4y = 0$

$r^2 - 4 = 0$ (equação auxiliar)

Soluções da equação auxiliar: $r_1 = -2$ e $r_2 = 2$.

Assim, a equação complementar será:

$y_C = C_1 e^{-2x} + C_2 e^{2x}$

II. Como $G(x) = \cos x$, segue o modelo $G(x) = \operatorname{sen} ax \to y_P = A \cos ax + B \operatorname{sen} ax$ (Tabela 3.1):

$y_P = A \cos x + B \operatorname{sen} x$

$y'_P = -A \operatorname{sen} x + B \cos x$

$y''_P = -A \cos x - B \operatorname{sen} x$

Substituindo adequadamente em $y'' - 4y = \operatorname{sen} x$, temos:

$y'' - 4y = \operatorname{sen} x$

$(-A \cos x - B \operatorname{sen} x) - 4(A \cos x + B \operatorname{sen} xy) = \operatorname{sen} x$

$-5A \cos x - 5B \operatorname{sen} x = \operatorname{sen} x$

$A = 0$

$B = -\dfrac{1}{5}$

Logo,

$y_P = -\dfrac{1}{5} \operatorname{sen} x$

Portanto:

$y = y_C + y_P$

$y(x) = C_1 e^{-2x} + C_2 xe^{2x} - \dfrac{1}{5} \operatorname{sen} x$

Voltando ao enunciado para resgatar as informações $y(0) = 1$ e $y'(0) = 1$,

$y(0) = C_1 e^0 + C_2 e^0 - \dfrac{1}{5} \operatorname{sen} 0 = 1$

$C_1 + C_2$ (I)

$y'(x) = -2C_1 e^{-2x} + 2C_2 e^{2x} - \dfrac{1}{5} \cos x$

$y'(0) = -2C_1 e^0 + 2C_2 e^0 - \dfrac{1}{5} \cos x = 1$

$-2C_1 + 2C_2 - \dfrac{6}{5}$ (II)

Resolvendo:

$$\begin{cases} C_1 + C_2 = 1 \text{ (I)} \\ -C_1 + C_2 = \dfrac{3}{5} \text{ (II)} \end{cases}$$

$$C_1 = \frac{1}{5} \text{ e } C_2 = \frac{4}{5}$$

Portanto, a equação será:

$$y(x) = \frac{1}{5} e^{-2x} + \frac{4}{5} e^{2x} - \frac{1}{5} \operatorname{sen} x$$

Síntese

Neste capítulo, apresentamos as equações lineares de ordem superior e os sistemas lineares, as equações lineares homogêneas com coeficientes constantes e o método dos coeficientes indeterminados.

Ao final, examinamos uma ideia muito relevante no contexto dos cursos de engenharia: os problemas de valor inicial. Essa concepção aprimora as ferramentas de cálculo necessárias à medida que aprofunda o conhecimento e o entendimento dos fenômenos da área.

Questões para revisão

1) Resolva a equação $y'' - 25y' + 10y = 0$.

2) Resolva a equação $y'' - y' - 12y = 0$.

3) Resolva a equação $y'' - 4y' + 13y = 0$.

4) Resolva a equação $y'' + 4y = e^{-2x}$.

5) Resolva a equação $y'' - y = x + \operatorname{sen} x$.

6) Resolva a equação $y'' - 2y' - 15y = e^x$.

7) Resolva a equação $y'' - y = x^3 - 1$, sendo $y(0) = 1$ e $y'(0) = 1$.

Para saber mais

Indicamos a seguir a obra *Um curso de cálculo*, de Hamilton Luiz Guidorizzi, e uma aula do Professor Marcos Eduardo Valle, da Universidade Estadual de Campinas (Unicamp). As duas sugestões de leitura complementam o tema abordado neste capítulo.

GUIDORIZZI, H. L. **Um curso de cálculo**. Rio de Janeiro: LTC, 2015. v. 4.

VALLE, M. E. **Equações não homogêneas com coeficientes constantes e o método dos coeficientes a determinar**: aula 7. Campinas, 2016. Disponível em: <http://www.ime.unicamp.br/~valle/Teaching/2016/MA311/Aula7.pdf>. Acesso em: 24 jan. 2018.

Iniciamos o último capítulo deste livro com uma reflexão comum e muito boa de estudantes de qualquer área do conhecimento: "Em que é possível aplicar isso tudo?"

Gostaríamos de ter todas as respostas para essa pergunta. Porém, dada a enormidade de conhecimento e as necessidades da vida humana, é praticamente impossível enumerar todas as possibilidades.

Neste capítulo, buscaremos trazer à tona algumas aplicações do conteúdo desta obra, apresentando aplicações práticas. Para tanto, adentraremos também as áreas da física, da química e da estatística, principalmente no quesito *modelagem matemática*. Lembramos que o aqui contemplado constitui apenas um incentivo à busca de mais e novas formas de aplicação.

Após os estudos deste capítulo, você será capaz de identificar aplicações das equações diferenciais em algumas áreas do conhecimento humano, principalmente aquelas que exigem a modelagem matemática para analisar seus fenômenos.

4

Aplicação de equações diferenciais de segunda ordem

4.1 Modelos de problemas de misturas (concentração de elementos químicos)

No dia a dia de um engenheiro, por vezes, aparecem desafios cujo enfrentamento exige uma visão global da situação. Por meio da análise das ocorrências, ele poderá tomar a decisão mais adequada ao contexto do problema.

Nesse contexto, há os problemas que envolvem a concentração e a dissolução de elementos químicos, comumente conhecidos como *problemas de misturas*. Esses fenômenos podem ser entendidos e explicados por meio de equações matemáticas ou modelos matemáticos.

Como o objetivo deste livro é apresentar os conceitos de forma simples e direta, vamos a um exemplo de determinada situação. Confira a seguir.

Exemplo 4.1

Um reservatório contém 1.000 litros de uma substância A, em estado líquido, a qual, por sua vez, contém dissolvidos 10 quilos de outra substância B. Esse recipiente é alimentado à vazão de 20 L/min da mesma mistura, porém com 0,02 kg/L de concentração. Dentro do reservatório é feita a total diluição das partes (A + B). Após a mistura, a taxa de escoamento do recipiente é a mesma de alimentação. Qual é a quantidade de substância B que permanece no reservatório após 15 minutos?

Para resolver essa questão, consideraremos o **tempo** como a variável independente, e a **quantidade de substância B** como a variável dependente. Adotaremos como referência a função y(t) para expressar a quantidade da sustância B no recipiente. Assim, de antemão, podemos verificar que y(0) = 10, isto é, partimos do tempo zero com 10 kg da substância B e queremos encontrar y(15).

Na análise do problema, encontramos uma taxa de variação de acordo com o tempo: a vazão. Então, a taxa de variação da quantidade da substância B é dada por:

$$\frac{dy}{dt} = \text{taxa de entrada} - \text{taxa de saída}$$

Nesse caso, a vazão de entrada 20 L/min, por ser uma variação volumétrica em relação ao tempo, será representada como taxa de entrada. Outra componente da taxa de entrada será a concentração 0,02 kg/L, que alimenta o reservatório na vazão citada.

Estabelecida uma equação diferencial, determinaremos os vínculos entre os dados:

$$\frac{dy}{dt} = (0{,}02\,\frac{kg}{L}) - (20\,\frac{L}{min}) - (\frac{y(t)}{1\,000}\,\frac{kg}{L})(20\,\frac{L}{min})$$

Assim,

$$\frac{dy}{dt} = 0{,}4 - \frac{y(t)}{50}$$

Para melhor visualização:

$$\frac{dy}{dt} = \frac{20 - y}{50}$$

$$\frac{dy}{20 - y} = \frac{dt}{50}$$

Integrando:

$$\int \frac{dy}{20 - y} = \int \frac{dt}{50}$$

$$-\ln|20 - y| = \frac{t}{50} + C$$

Sabendo que $y(0) = 10$:

$$-\ln|20 - 10| = \frac{0}{50} + C$$

$$-\ln 10 = C$$

Assim,

$$-\ln|20 - y| = \frac{t}{50} - \ln 10$$

Fundamentalmente,

$$10 - y = e^{\ln 10 - \frac{t}{50}}$$

$$y = 10 - e^{\ln 10 - \frac{t}{50}}$$

Portanto:

$$y(t) = 20 - 10e^{-\frac{t}{50}}$$

Reiterando a pergunta: Qual é a quantidade de substância B que permanece no reservatório após 15 minutos? Isto é, y(15) = ?

$$y(t) = 20 - 10e^{-\frac{15}{50}}$$

$$y(15) \approx 12,6 \text{ kg}$$

A resposta é: aproximadamente 10,55 kg da substância B permanecem no reservatório após 15 minutos.

4.2 Modelos populacionais

Muitas vezes, adotamos a modelagem matemática para analisar diversos modelos de desenvolvimento populacionais. Um modelo matemático comum e muito aceito é o de que uma população cresce a uma taxa proporcional a seu próprio tamanho, como afirmou o economista britânico Thomas Robert Malthus (1766-1834), em sua obra *Segundo ensaio* (1803), a qual apresentava sua teoria sobre o desenvolvimento populacional (Malthus, 1826).

Assim, no que se refere a equações diferenciais, temos:

$$\frac{dP}{dt} = kP$$

Em que: *P* se refere à população; *t*, ao tempo; e *k*, a uma constante Real.

É óbvio que, ao analisarmos uma população crescente, devemos ter em mente que o espaço, a alimentação e outras variáveis devem ser levados em conta. Contudo, por ora, vamos nos restringir ao modelo matemático simples.

Se voltarmos à fórmula dada, facilmente perceberemos que se trata de um modelo de equação diferencial. Portanto, faremos a tratativa necessária para a resolução.

$$\frac{dP}{dt} = kP$$

$$\frac{dP}{P} = kdt$$

Integrando,

$$\int \frac{dP}{P} = \int kdt$$

$$\ln|P| = kt + C$$

Logo,

$$P = e^{kt+C}$$
$$P = e^{kt}e^{C}$$

Considerando t = 0, temos:

$$P(0) = e^{k \cdot 0} e^C$$

$$P(0) = e^C$$

Portanto,

$$P_0 = e^C$$

Dessa forma,

$$P(t) = P_0 \cdot e^{k \cdot t}$$

4.3 Trajetórias ortogonais: curvas que se interceptam

As trajetórias ortogonais, muito interessantes, remetem-nos às lembranças de Cálculo I, no estudo das derivadas. Uma das aplicações das derivadas reside no cálculo do coeficiente angular de uma reta tangente a uma curva por meio da aplicação de derivada primeira no valor na coordenada de um ponto.

Uma trajetória ortogonal, de forma bem simples, possibilita que uma curva intercepte ortogonalmente certa quantidade de outras curvas de mesma característica paramétricas. Esse conceito é apenas a ampliação daquilo que é tratado em Cálculo II, nas curvas de nível e em geometria analítica. Confira os exemplos a seguir.

Exemplo 4.2

Calcule as trajetórias ortogonais da família da curva $xy = k$.

Para encontrar a solução, primeiramente separamos as variáveis:

$$xy = k$$

$$y = \frac{k}{x}$$

Em seguida, derivamos:

$$\frac{d}{dx} y = \frac{d}{dx}\left(\frac{k}{x}\right)$$

$$y' = k \frac{d}{dx}(x^{-1})$$

$$y' = -k(x^{-2})$$

$$y' = -\frac{k}{x^2}$$

Sabendo, do enunciado, que xy = k, então:

$$y' = -\frac{xy}{x^2}$$

$$y' = -\frac{y}{x}$$

Esse cálculo corresponde à interpretação do cálculo de uma derivada, analisada em Cálculo I. Portanto, encontramos a equação que define o coeficiente angular das tangentes à curva proposta. Contudo, precisamos das **ortogonais**. Para encontrá-las, basta lembrar que o coeficiente angular de uma ortogonal é o inverso e oposto da paralela.

Enfim,

$$y' = \frac{y}{x}$$

Agora, se as integrarmos, atingimos nosso objetivo:

$$y' = \frac{x}{y}$$

$$\frac{dy}{dx} = \frac{x}{y}$$

$$ydy = xdx$$

$$\int ydy = \int xdx$$

$$\frac{y^2}{2} = \frac{x^2}{2} + C$$

Simplesmente,

$$x^2 - y^2 = C$$

A respectiva representação consta no Gráfico 4.1, a seguir.

Gráfico 4.1 – Trajetórias ortogonais da família da curva xy = k

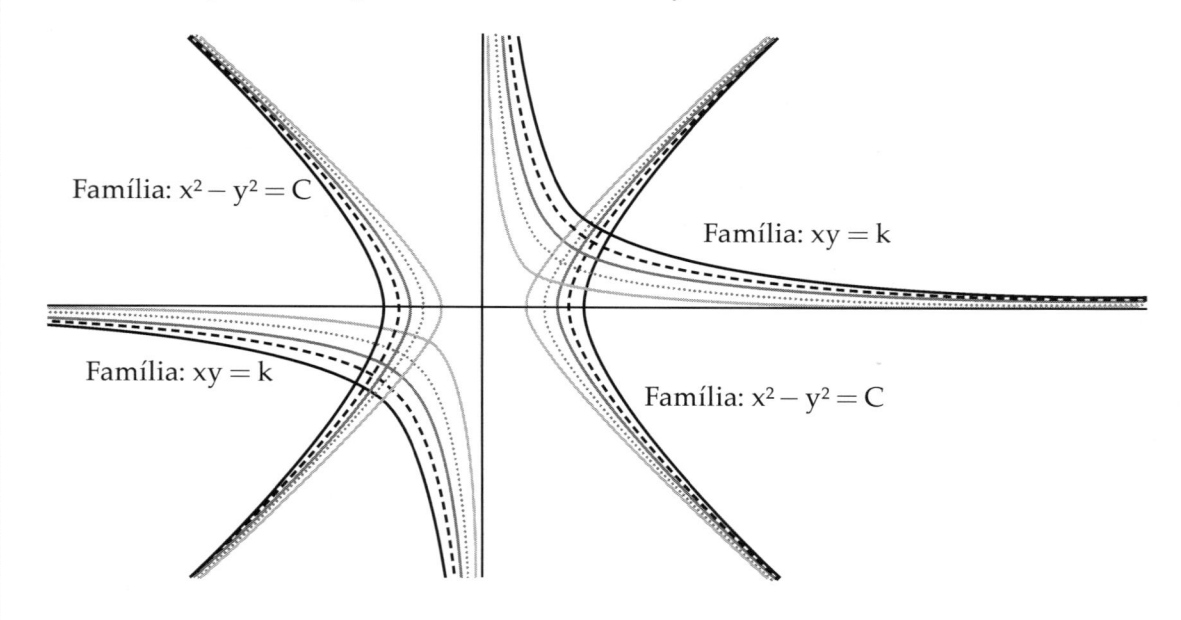

Família: $x^2 - y^2 = C$

Família: $xy = k$

Família: $xy = k$

Família: $x^2 - y^2 = C$

No gráfico, observe que cada curva da família $xy = k$ intercepta de forma ortogonal a respectiva curva da família $x^2 - y^2 = C$.

Observação: para esse tipo de construção, temos as assíntotas $y = \pm x$. Por opção visual, escolhemos não trazer tal representação, pois o objetivo é referenciar a ideia da ortogonalidade.

Respondemos, então, à pergunta que sempre aflige o estudante – "Em que é possível aplicar isso tudo?": nos campos da física, como eletricidade, magnetismo e mecânica dos fluidos. Isso porque, para os fenômenos físicos analisados nessas disciplinas, muitas vezes, é fundamental conhecer uma ou mais equações ortogonais, a dissipação e a progressão de ondas.

Síntese
Neste capítulo, apresentamos as aplicações dos conteúdos abordados no decorrer deste livro. Assim, de forma breve, foi possível vislumbrar outras aplicações desse conteúdo no campo das engenharias e das demais áreas que estudam fenômenos que possam ser modelados matematicamente.

Questões para revisão

1) Uma piscina de uma residência contém 25 mil litros de água, a qual, por sua vez, contém dissolvidas 80 gramas de cloro – quantidade considerada não ideal. Os proprietários desejam equilibrar a concentração de cloro da água dessa piscina e, para isso, contam com uma torneira de alimentação cuja vazão é de 25 L/min, mas com 4 mg/L de concentração de cloro (concentração ideal). As taxas de alimentação e de escoamento são as mesmas. Qual é a concentração de cloro na piscina 1 hora após o início do processo?

2) Calcule as trajetórias ortogonais da família da curva $y^2 = kx^2$.

3) Calcule as trajetórias ortogonais da família da curva $x^2 + y = k$.

4) Calcule as trajetórias ortogonais da família da curva $x^2 + 2y = k$.

Para saber mais

Recomendamos a leitura da monografia e do livro a seguir, a fim de que você possa verificar a aplicação do assunto estudado com mais aprofundamento:

BATTISTI, A. J. **Equações diferenciais aplicadas em escoamento de fluidos**. 53 f. Monografia (Graduação em Matemática – Licenciatura) – Centro de Ciências Físicas e Matemáticas, Universidade Federal de Santa Catarina, Florianópolis, 2002. Disponível em: <https://repositorio.ufsc.br/bitstream/handle/123456789/96626/Aloisio%20Jos%C3%A9. PDF?sequence=1>. Acesso em: 24 jan. 2018.

ZILL, D. G.; CULLEN, M. R. **Equações diferenciais**. São Paulo: Pearson, 2014. v. 1.

Para concluir...

A matemática e, especificamente, o cálculo não podem ser tratados como simples ferramentas de aplicação. É inegável que o cálculo tem seu lado instrumental, mas também precisamos reconhecer que ele tem grande poder de expandir a mente daqueles que buscam uma forma de autoconhecimento e de desafio, uma vez que enseja o desenvolvimento da capacidade de gerir problemas complexos da vida moderna, principalmente no âmbito profissional de um engenheiro.

Diante dessa perspectiva, o cálculo vai muito além da resolução de contas de forma ordenada e com técnicas avançadas. E, nesta obra, tratamos de uma das passagens mais significativas da matemática. Ainda que nossa abordagem tenha sido simples e direta, sempre buscamos despertar no leitor o interesse pelo aprofundamento dos conteúdos.

Desejamos uma boa viagem em suas próximas descobertas.

Referências

ANTON, H.; BIVENS, I. C.; DAVIS, S. L. **Cálculo**: um novo horizonte. 10. ed. Porto Alegre: Bookman, 2014. v. 2.

D'AMBROSIO, U. **Etnomatemática**: arte ou técnica de explicar e conhecer. 5. ed. São Paulo: Ática, 1998. (Série Fundamentos)

GUIDORIZZI, H. L. **Um curso de cálculo**. Rio de Janeiro: LTC, 2015. v. 4.

MACHADO, N. J. **Matemática e língua materna**: análise de uma impregnação mútua. 4. ed. São Paulo: Cortez, 1998.

MALTHUS, T. R. **An Essay on the Principle of Population**: or a View of Its Past and Present Effects on Human Happiness: with an Inquiry Into Our Prospects Respecting the Future Removal or Mitigation of the Evils which It Occasions. 6. ed. London: John Murray, 1826. Disponível em: <http://www.econlib.org/library/Malthus/malPlong.html>. Acesso em: 24 jan. 2018.

STEWART, J. **Cálculo**. 7. ed. São Paulo: Cengage Learning, 2014. v. 2.

ZILL, D. G.; CULLEN, M. R. **Equações diferenciais**. São Paulo: Pearson, 2014. v. 1.

Respostas

CAPÍTULO 1

1) $y = \dfrac{x^2}{2} - 5x + C$

2) $y = \dfrac{x^3}{3} - x^2 + 5x + C$

3) $y = \sqrt{2(\ln|x| + C)}$

4) $y = \sqrt{2x + 4\ln|x| + C}$

5) $y^2 - \operatorname{sen} y = x^3 + x + C$

6) $y = \sqrt{(\operatorname{tg} x + C)}$

7) $y = \ln\left(\dfrac{3\sqrt[3]{x^4}}{2} + 2C\right)$

8) $y = \dfrac{x^4}{4} + \dfrac{2x^3}{3} + \dfrac{x^2}{2} - x + 1$

9) $y = \dfrac{x^2}{2} - \dfrac{\pi^2}{2}$

10) $y = -\cos - e^x - 1$

CAPÍTULO 2

1) Homogênea de grau 3.

2) Homogênea de grau 0.

3) $\ln|x| = \dfrac{y^2}{2x^2} + C$

4) $\ln|x| = \dfrac{y^2}{x^2} + C$

5) $y = -\dfrac{1}{3}x - \dfrac{1}{9} + C$

6) $y = \dfrac{2}{3\sqrt{x}} + \dfrac{C}{x^2}$

7) $\quad y = -x\cos x + C$

8) $\quad y = \dfrac{\ln x}{x^2} - \dfrac{1}{x^2} + \dfrac{C}{x^3}$

9) $\quad y = x^3 - x^2$

10) $\quad y = \dfrac{4}{3}x + \dfrac{4}{\sqrt{x}}$

CAPÍTULO 3

1) $\quad y = C_1 e^{5x} + C_2 x e^{5x}$

2) $\quad y = C_1 e^{-3x} + C_2 e^{4x}$

3) $\quad y = e^{2x}(C_1 \cos 3x + C_2 \operatorname{sen} 3x)$

4) $\quad y = C_1 \cos 2x + C_2 \operatorname{sen} 2x + \dfrac{1}{13} e^{-2x}$

5) $\quad y = C_1 e^{-x} + C_2 e^{x} - x - \dfrac{1}{2}\operatorname{sen} x$

6) $\quad y = C_1 e^{-3x} + C_2 e^{5x} - \dfrac{1}{16} e^{x}$

7) $\quad y = -2e^{-x} + 4e^{x} - x^3 - 5x - 1$

CAPÍTULO 4

1) $\quad$ 3 mg/L

2) $\quad x^2 + y^2 = C$

3) $\quad y = \dfrac{x^2}{4} + C$

4) $\quad y = \dfrac{x^2}{8} + C$

Sobre o autor

Guilherme Lemermeier Rodrigues é professor de Matemática desde 1996. Graduado em Licenciatura Plena em Matemática, especialista em Ensino de Matemática e mestre em Educação, todos pela Universidade Tuiuti do Paraná (UTP). Atualmente, leciona as disciplinas de Cálculo I, Cálculo II na Universidade Positivo (UP), e leciona as disciplinas de Cálculo e Cálculo Numérico no Centro Universitário Uninter, todas em Curitiba, e a disciplina de Matemática Aplicada na Faculdade de Pinhais (Fapi).

Impressão:
Fevereiro/2018